Big Bang
Questions to physicists
and cosmologists

Big Bang - Questions to physicists and cosmologists
Jan Slowak

Everything should be made as simple as possible, but not simpler.

Albert Einstein

ex nihilo nihil fit

Jan Slowak

Big Bang
Questions to physicists
and cosmologists

Big Bang - Questions to physicists and cosmologists
Jan Slowak

Earlier articles / books
Tidigare artiklar / böcker

1. Bye-Bye Big Bang, Episod/Episode 1
2. Bye-Bye Big Bang, Episod/Episode 2
3. Bye-Bye Big Bang, Episod/Episode 3
4. Redshift factor, Absolute redshift,
   Galaxies red / blue distribution
5. Sawing of my article about the Big Bang

Copyright © Jan Slowak 2016
Förlag och tryck: BoD
ISBN: 978-91-7699-022-3

Big Bang - Questions to physicists and cosmologists
Jan Slowak

*For Ida,
my daughter*

Big Bang - Questions to physicists and cosmologists
Jan Slowak

Content/Innehåll

1) English/Engelsk version .... sida/page 7
2) Swedish/Svensk version .... sida/page 28

Big Bang - Questions to physicists and cosmologists
Jan Slowak

That is how much literature anywhere that treats the Big Bang theory. But I will stick to the allegation above and I write as little as possible and as simple as possible.

The beginning of everything

There is nothing more amazing, nothing more fascinating than the human ability to think!

And there is nothing more fascinating than our universe with all its stars and galaxies.

How is it then with the Big Bang? Big Bang is the cosmological standard model, that explains how the universe arose, how it develops and what will become of it in the future.

From the first contact with the Big Bang theory, I was its opponent, I could not accept it.

Big Bang - Questions to physicists and cosmologists
Jan Slowak

Everything we had read in school, in physics and chemistry lessons, was based on the following motto:
ex nihilo nihil fit!

What are saying proponents of the Big Bang theory?

That everything was created in a huge explosion: everything, space, time, matter and energy.

In one of the many books that deal with this topic stands:
There was an explosion of space (and time and matter and energy) is happening everywhere in the universe. How then "everywhere in the universe"? The universe had not existed yet when it was created!

It is very confusing! This is more like creation stories, creation myths.
This is not science!

This contradicts the fundamental physical laws. In this case, the first law of thermodynamics. Energy can neither be created nor destroyed, it can only change form. In a process in an isolated system the total energy always remains the same.

<u>Question 1: Can something come out of nothing?</u>

After a few years

The cosmological standard model says that the universe expands at a speed of about 71 km / s / Mpc (Mpc = Megaparsecs, unit of length). This value is denoted by H_0, is called the Hubble constant, and has been amended several times over the course of time, depends on various measurements. If you count backwards you come to a time of about 13.7 billion years ago the Big Bang.

Big Bang - Questions to physicists and cosmologists
Jan Slowak

Much has happened since then. First of all, something happened that we call inflation. In the fraction of a second, space expanded by a factor of 10^{28}.

Then there was calmer in about 380,000 years. But it was dark! There was no light! And there was no one who could have said "Let there be light!". But there was something! There was matter. And energy! There were electrons, nuclei and other particles. After the above time interval, the temperature fell to about 3000 degrees Kelvin and the density was about 1000 particles per cm^3.
Then began the electrons and nuclei combined to form stable atoms of hydrogen and helium.

And suddenly could the electromagnetic radiation, including light, moving through space, and it does so all the time since then.

Question 2: How big was the universe after inflation time?

Big Bang - Questions to physicists and cosmologists
Jan Slowak

The afterglow of the big bang

This radiation which arose first of all and that we can catch in our telescopes is called the cosmic background radiation.

They say that the cosmic background radiation is radiation from the most distant "objects" in space.
Stars and galaxies were formed later.
This radiation is fairly homogeneous, with incredible small variations and it comes from all directions of the universe. This radiation has been proven by measurements and observations. It is always measurements and observations that confirm or fall a scientific theory.

If it is so that this radiation is homogeneous and comes from all directions then we could conclude that we are at the center of the universe.

Question 3: Are we in the middle of the universe?

Vacuum or the void

Vacuum or empty space is a physical manifestation of a space that does not contain any matter at all. The outer space has an ultra-high vacuum, with only a few hydrogen atoms per cubic meter on average.
So, there is matter out there in intergalactic space, after all!

Question 4: Can the vacuum, which after all is not empty, affect the light and other electromagnetic waves?

Galaxies and stars

Certainly it is intriguing to lie on the grass on

Big Bang - Questions to physicists and cosmologists
Jan Slowak

a summer evening, somewhere on the countryside, and look at the starry sky.
To see so many stars, to think how far away they are, if there are similar worlds like ours out there somewhere.

The nearest star from us is called Proxima Centauri and is situated at a distance of about 4.2 lightyears away (Alfa Centauri, 4.37 lightyears). The light reaching us from this star has been traveling for 4.2 years at a speed of 300,000 km/s. Light from the sun needs 500 seconds to reach us.

One of the oldest cosmic objects are CFHQS 1641 + 3755 is 12.7 billion lightyears away. But one has found galaxies with stars, 13.2 billion years old, and this means that these have been formed about 500 million years after the Big Bang.

And so it has been all the time.
Galaxies are formed, stars are formed and

stars die, a galaxy devours another galaxy. Galaxies form galaxy clusters, these form super clusters.

We can see that stars are born and we can see that stars die.

Question 5: Are there other cosmic objects where measurements or observations show that they are "born" and that they "die"?

The created space

So, here we have the space created in a great explosion. Not only that the space has been created, that it has been created out of nothing, but that the space is expanding. It expands.

This can be seen (interpreted) by measuring the spectrum of light from all sorts of cosmic objects that are out there. Spectral lines from known substances are shifted to the red part of the spectrum in comparison with the measurements in the laboratory.

They say that the light from distant objects are redshifted. We talk about redshift of light.

The redshift of light is a fact. In the beginning one interpreted this to mean that the galaxies were moving away from us.
One applied the Doppler effect. Then one began to argue that if all galaxies are moving away from us, then in the past they were closer and closer together. A long time ago, they have been concentrated in a single point which then exploded. Big Bang.

Question 6: If the space has been created in the Big Bang, why has it not been created as big as it is now?

Big Bang - Questions to physicists and cosmologists
Jan Slowak

The expanding space

If you have read any book on this subject, you have probably seen pictures of a spotted balloon as it inflates. Dots represent galaxies. Then you can see how the distance between dots expands.

But to compare the expansion of the universe with a spotted balloon did not answer in the long run. If space expanded like a balloon, one saw no expansion of the galaxies themselves so that the dots on the balloon did.

Then, dots on the balloon had been replaced with glued coins.

Question 7: Are galaxies (matter) fixedly coupled with the space or are they disconnected from it?

The present time

They believe that the universe was created about 13.7 billion years ago. We have seen that the galaxies were created after the first 500 million years.

This means that since that time the universe looked like it looks now. There were galaxies, stars. In about 96 % of their time saw the universe as it does now.
But the universe expands all the time.

And it has expanded in the beginning when there were no galaxies, it has expanded after galaxies have formed and it expands even now.

Cosmologists say that its not the galaxies that are moving without the space expands and galaxies follow.

Question 8: Which is the physical force that

expands the space?

Space bending

They say that the universe we live in is not three-dimensional, is not Cartesian (Descartes). To describe the characteristics of this space requires an additional parameter, the space curvature. This parameter is denoted by R. We all know that our world has three dimensions, x, y, z. Einstein replace it with one with four dimensions, space-time, x, y, z, t.

Question 9: Have our physical world 5 dimensions, x, y, z, t, R?

The photon

Photons are elementary particles. They are energy quantum for electromagnetic fields.

Energy of the photon is determined only by its wavelength or its frequency; $E = hc / \lambda$.

A beam of light consists of small packages of energy called photons or quanta.

Light, radio waves, cosmic radiation are electromagnetic waves. These moves at the speed of light, 299,792,458 m/s. Usually approximated to 300,000 km/s.

Question 10: Why electromagnetic waves propagate with speed of 300,000 km/s, and not with speed of 400,000 km/s?

Wavelength

Light and other electromagnetic waves are represented graphical as sinusoidal functions.

Wavelength is the distance between repeating

parts of a wave pattern. It is denoted by λ.

When talking about the expansion of space and redshift of light, the space is compared sometimes with a rubber band. When the band is stretched, the photon's wavelength is stretched too! From this comes redshift.

Question 11: Can we interpret the cosmological redshift as if the photon would be linked with the space?

Milky Way and Andromeda

These two galaxies are quite similar.
Distance between them is about 2.5 million light years.
They should be at least 5 billion years old, at least as old as our sun.

Question 12: How far apart were they when

they were formed?

Galaxy clusters and superclusters

It seems that galaxies are not isolated in space without piling up in larger groups held together by gravity. These are called galaxy clusters.
Even galaxy clusters form larger structures called superclusters.

Question 13: Does space expands only between superclusters or also between clusters of galaxies and between the galaxies?

Light and ripple on the water

One time I was with my daughter Ida and my wife Kristina and exercised. I picked a few small stones that I threw into the pond. I showed them how the rings wavelength is larger and larger the farther they move. And then I said that perhaps it is somewhat similar with the light and its redshift. My wife then said without thinking for a long time: How else?

Question 14: Can one make some comparison between the "ripples on the water" and the propagation of light in the universe?

The law of conservation of energy

The law of conservation of energy asserts that the total energy of an isolated system at one time is equal to its total energy at any other time.
A photon is an isolated system.
Its energy is $E = hc / \lambda$.

Question 15: Does the law of conservation of

energy applies electromagnetic waves too?

Oscillations

An oscillation is example of movement or vibration which is fluctuating around an equilibrium position.

Light and other electromagnetic waves are also considered as oscillations.

If the amplitude of oscillation decreases due to dissipative forces, the oscillation will be damped.

The real world system always has some dissipative forces, and the oscillations die out with time ...

Question 16: Does electromagnetic waves and light "die" in the same way too?

Big Bang - Questions to physicists and cosmologists
Jan Slowak

Dark matter and dark energy

The current cosmological model, the standard model, says that space expands. Not only that, but the expansion is accelerating.
As a result, it is considered that there must be dark matter and dark energy. There is 72 % dark energy, 23 % dark matter and 4.6 % ordinary matter.

Final question

This question I set to the Royal Academy of Sciences, Stockholm, Sweden.

<u>Can you assign the Nobel Prize for discoveries concerning elements of a theory based on non-scientific grounds?</u>

Big Bang - Questions to physicists and cosmologists
Jan Slowak

Now it's been 100 years since this part of the science (cosmology) went astray. It is time to put a stop to it! It's time to work with science and not with speculations!

I am grateful if the reader comes with comments on my email address:
jan.slowak@gmail.com

Enter the subject: Big Bang - Questions to physicists and cosmologists

Big Bang - Questions to physicists and cosmologists
Jan Slowak

Big Bang - Questions to physicists and cosmologists
Jan Slowak

Big Bang - Questions to physicists and cosmologists
Jan Slowak

Allt bör göras så enkelt som möjligt, men inte enklare.

Albert Einstein

ex nihilo nihil fit

Det finns hur mycket litteratur som helst som behandlar Big Bang teorin. Men jag kommer att hålla mig till ovan påstående och skriva så lite som möjligt och så enkelt som möjligt.

Början av allt

Det finns inget mer fantastiskt, inget mer fascinerande än människans tankeförmågan!

Och det finns inget mer fascinerande än vårt universum med alla dess stjärnor och galaxer!

Hur är det då med Big Bang? Big Bang är den nuvarande kosmologiska modellen, standardmodellen, som förklarar hur universum kom till, hur det utvecklas och vad händer med det i framtiden.

Från den första kontakten med Big Bang teorin, var jag dess motståndare, jag kunde

inte acceptera den.
Allt vi hade läst i skolan, på fysik- och kemilektioner, baserades på följande motto: ex nihilo nihil fit!

Vad säger förespråkarna för Big Bang teorin?

Att allt skapades i en stor explosion: allt, rymden (rummet), tiden, materian och energin.

I en av många böcker som behandlar detta ämne står:
"Det var en explosion av rymden (och tiden och materian och energin) som hände överallt i universum". Hur då "överallt i universum"? Universum hade inte existerat ännu när det skapades!

Det är mycket förvirrande! Detta liknar mer skapelseberättelserna, skapelsemyterna.
Detta är ingen vetenskap!
Detta motsäger de grundläggande fysikaliska

lagar. I detta fall termodynamikens första huvudsats. I en process inom ett isolerat system förblir alltid den totala energin densamma. Energi kan inte skapas eller förstöras, den kan bara omvandlas från en form till en annan.

Fråga 1: Kan något uppstå ur ingenting?

Efter några år

Standardmodellen säger att universum utvidgar sig med en hastighet på ca 71 km/s/Mpc (Mpc = megaparsec, enhet för längd). Detta värde som betecknas med H_0 kallas Hubble konstanten och har ändrats flera gånger under tidens lopp beroende av olika mätresultat. Om man räknar baklänges kommer man till en tid på ca 13,7 miljarder år sedan Big Bang.
Mycket har hänt sedan dess. Först och främst

hände något man kallar "inflation". Inom bråkdels av en sekund utvidgades rymden med en faktor på 10^{28}.

Sedan var det lugnare i ungefär 380 000 år. Men det var mörkt! Det fanns inget ljus! Och det fanns ingen som kunde ha sagt "Varde ljus!". Men det fanns något! Det fanns materia. Och energi! Det fanns elektroner, atomkärnor och andra partiklar. Efter ovan tidsintervall föll temperaturen till ca 3 000 grader Kelvin och densiteten blev ca 1 000 partiklar per cm^3. Då började elektroner och atomkärnor kombineras till stabila atomer av vete och helium.

Och plötsligt kunde den elektromagnetiska strålningen, även ljuset, röra sig genom rymden. Och det gör den hela tiden sedan dess.

Fråga 2: Hur stort blev universum efter inflationstiden?

Efterglöden av big bang

Denna strålning som uppkom allra först och som vi kan fånga i vara teleskop kallas kosmisk bakgrundsstrålning.

Man säger att kosmisk bakgrundsstrålning är strålning från de mest avlägsna "objekt" i rymden.
Stjärnor och galaxer bildades senare.
Denna strålning är ganska homogent, med otrolig små variationer och den kommer från alla håll av universum. Denna strålning har bevisats av mätningar och observationer. Det är alltid mätningar och observationer som bekräftar eller faller en vetenskaplig teori.

Om det är så att denna strålning är homogent och kommer från alla håll då skulle vi kunna dra slutsatsen att vi ligger i mitten av universum.

Fråga 3: Befinner vi oss i mitten av universum?

Vakuum eller tomrum

Vakuum eller tomrum är ett fysikaliskt uttryck för ett utrymme som inte innehåller någon materia alls. Den yttre rymden har ett ultrahög vakuum, med endast några väteatomer per kubikmeter i genomsnitt. Så det finns materia där ute i den intergalaktiska rymden trots allt!

Fråga 4: Kan intergalaktiska vakuumet, som trots allt inte är tom, påverka ljuset och andra elektromagnetiska vågor?

Big Bang - Questions to physicists and cosmologists
Jan Slowak

Galaxer och stjärnor

Visst är det fängslande att ligga på gräsmattan en vacker sommarkväll, någonstans på landsbygden, och titta på stjärnhimlen.
Att se så många stjärnor, fundera hur långt bort de befinner sig, om det finns liknande världar som vår där någonstans.
Den närmaste stjärna från oss heter Proxima Centauri och ligger på ett avstånd av ca 4,2 ljusår bort (Alfa Centauri, 4,37 ljusår). Det ljuset som når oss från denna stjärna har färdats i 4,2 år med en hastighet på 300 000 km/s. Ljuset från solen behöver 500 sekunder att nå oss.

En av de äldsta kosmiska objekt är *CFHQS 1641+3755* och ligger 12,7 miljarder ljusår bort.
Men man har hittat stjärnbildande galaxer, 13,2 miljarder år gamla, och detta innebär att

dessa har bildats cirka 500 miljoner år efter Big Bang.

Och så har det varit hela tiden. Galaxer bildas, stjärnor bildas och "dör", en galax uppslukar en annan galax. Galaxer hopar sig till galaxhopar, dessa till superhopar.

Vi kan se att stjärnor föds och vi kan se att stjärnor dör.

Fråga 5: Finns det andra kosmiska objekt där mätningar eller observationer visar att de "föds" och "dör"?

Den skapade rymden

Så, här har vi rymden skapad i den stora explosionen. Inte nog med det att rymden har skapats, att den har skapats ur ingenting, utan rymden expanderar. Den utvidgar sig.

Detta framgår (tolkas) av mätningar av ljusets spektra från alla möjliga kosmiska objekt som finns där ute. Spektrallinjer från kända ämnen är förskjutna till den röda delen av spektrumet om man jämför det med mätningar i laboratoriet.

Man säger att ljuset från avlägsna objekt är rödförskjutet. Man pratar om ljusets rödförskjutning.

Ljusets rödförskjutning är ett faktum. I början tolkade man detta som att galaxerna var på väg bort från oss.
Man tillämpade dopplereffekt. Därefter började man agrumentera att om alla galaxer flyttade ifrån oss, då i det förflutna var de närmare och närmare varandra. För länge sedan, har de varit koncentrerade till en enda punkt som sedan exploderade. Big Bang.

Fråga 6: Om rymden har skapats i Big Bang, varför har den inte skapats så stor som den är nu?

Den expanderande rymden

Om ni har läst någon bok om detta ämnet, har ni säkert sett bilder på en prickig ballong som man blåser upp. Prickar representerar galaxer. Då kan man se hur avståndet mellan prickar utvidgar sig.

Men att jämföra universums utvidgning med en prickig ballong varade inte i längden. Om rymden utvidgade sig som en ballong, såg man ingen utvidgning av galaxer själva så som prickarna på ballongen gjorde.

Därefter hade prickar på ballongen ersatts med limmade mynt.

Fråga 7: Är galaxer (materia) fastkopplade med rymden eller är de frånkopplade från den?

Nutiden

Man anser att universum har skapats för ca 13,7 miljarder år sedan. Galaxer har skapats efter ca 500 miljoner år.

Detta innebär att sedan denna tid såg universum ungefär ut som det ser ut nu. Det fanns galaxer, stjärnor. I omkring 96 % av sin tid såg universum som det gör nu.

Men universum expanderar hela tiden. Och det har expanderat i början när det inte fanns några galaxer, det har expanderat efter att galaxer har bildats och det expanderar även nu.

Kosmologer säger att det är inte galaxer som förflyttar sig utan att själva rymden expanderar och galaxer följer med.

Fråga 8: Vilken är den fysikaliska kraften som

utvidgar rymden?

Rymdens böjning

Man säger att universum vi lever i är inte tredimensionell , är inte kartesiskt (René Descartes). För att beskriva egenskaper i denna rymd krävs ytterligare en parameter, rymdens krökning. Denna parameter betecknas med R. Alla vet att vår värld har tre dimensioner, x, y, z. Einstein ersatte den med en med 4 dimensioner, rumtiden, x, y, z, t.

Fråga 9: Har vår fysikaliska värld 5 dimensioner, x, y, z, t, R?

Fotonen

Fotoner är elementarpartiklar. De är energikvantum för elektromagnetiska fält.

Fotonens energi bestäms endast av dess våglängd eller dess frekvens; $E = hc/\lambda$.

En stråle av ljus består av små paket av energi som kallas fotoner eller kvanta.

Ljuset, radiovågor, kosmisk strålning är elektromagnetiska vågor. Dessa rör sig alla med ljusets hastighet, 299 792 458 m/s. Brukar approximeras till 300 000 km/s.

Fråga 10: Varför utbreder sig elektromagnetiska vågor med en hastighet av 300 000 km/s, och inte med en hastighet av 400.000 km/s?

Våglängd

Ljus och andra elektromagnetiska vågor representeras grafiskt som sinusfunktioner.

Våglängd är avståndet mellan upprepande delar av ett vågmönster. Den betecknas med λ.

När man pratar om rymdens utvidgning och ljuset rödförskjutning jämförs rymden ibland med ett gummiband. När bandet sträcks, sträcks också fotonens våglängd! Därifrån rödförskjutning.

Fråga 11: Kan vi tolka den kosmologiska rödförskjutningen som om fotonen skulle vara länkad med rymden?

Vintergatan och Andromeda

Dessa två galaxer är ganska lika varandra. Avstånd mellan de är ca 2,5 miljoner ljusår. De bör vara minst 5 miljarder år gamla, minst så gamla som vår sol.

Fråga 12: Hur långt ifrån varandra var de när

de bildades?

Galaxhopar och superhopar

Det verkar som om galaxer är inte isolerade i rymden utan hopar sig i större grupper som hölls ihop av gravitationen. Dessa kallas galaxhopar.
Även galaxhopar bildar större strukturer som kallas superhopar.

Fråga 13: Utvidgar sig rymden endast mellan superhopar eller också mellan galaxhopar och mellan galaxer?

Ljuset och ringarna på vattnet

En gång var jag med min dotter Ida och min fru Kristina och motionerade. Jag plockade några små stenar som jag kastade i dammen. Jag visade dem hur ringarnas våglängd är större och större ju längre de rör sig. Och sedan sa jag att det kanske är något liknade med ljuset och dess rödförskjutning. Min fru sa då utan att fundera för länge: Hur annars?

Fråga 14: Kan man göra någon jämförelse mellan "ringarna på vattnet" och ljusets spridning i universum?

Lagen om bevarande av energi

Lagen om energins bevarande hävdar att den totala energin i ett isolerat system vid en tidpunkt är lika med den totala energin vid någon annan tidpunkt.
En foton är ett isolerat system. Dess energi är $E = hc/\lambda$.

Fråga 15: Gäller lagen om bevarande av energi

även elektromagnetiska vågor?

Oscillationer

Oscillation är exempelvis en rörelse eller vibration som varierar kring ett jämviktsläge.

Ljuset och andra elektromagnetiska vågor betraktas också som oscillationer.

Om oscillationens amplitud minskar på grund av dissipativa krafter blir denna oscillation dämpad.

Den verkliga världssystemet har alltid några dissipativa krafter, och svängningar dör ut med tiden ...

<u>Fråga 16: "Dör" inte elektromagnetiska vågor och ljuset ut på samma sätt också?</u>

Mörk materia och mörk energi

Den gällande kosmologiska modellen, standardmodellen, säger att rymden utvidgar sig. Inte bara det, utan att utvidgningen accelererar.
Som en följd av detta anser man att det måste finnas mörk materia och mörk energi. Det finns 72 % mörk energi, 23 % mörk materia och ca 4,6 % vanlig materia.

Slutfråga

Denna fråga ställer jag till Kungliga Vetenskapsakademien, Stockholm, Sverige.

Kan man tilldela Nobelpriset för upptäckter som gäller delar av en teori som baseras på ickevetenskapliga grunder?

Big Bang - Questions to physicists and cosmologists
Jan Slowak

Nu har det gått 100 år sedan denna del av vetenskapen (kosmologi) gick på villovägar. Det är dags att sätta stopp för det! Det är dags att arbeta med vetenskap och inte med spekulationer!

Jag är tacksam om läsaren kommer med synpunkter på min e-postadress: jan.slowak@gmail.com

Ange ämnet: Big Bang - Frågor till fysiker och kosmologer

Big Bang - Questions to physicists and cosmologists
Jan Slowak

www.ingramcontent.com/pod-product-compliance
Lightning Source LLC
Chambersburg PA
CBHW050246230526
45470CB00005B/2133